Oublie ton Smart Grid, et dis-moi : *c'est quoi les Réseaux Électriques?*

Fabien Savelli

Pour vous remercier de votre achat, je vous invite à suivre mon blog : http://fabiensavelli.blogspot.com et à souscrire gratuitement à ma mailing liste en m'envoyant directement un email à FJ.Savelli. En vous inscrivant à ma mailing liste, vous aurez accès en exclusivité aux premiers chapitres de mes prochains ouvrages.

Avant-Propos

« Seriez-vous le seul à ignorer que [les] bougies ont en commun avec l'électricité une volonté autonome de nuire ? » Demanda Philippe Milner – dans son roman « *à bas les élèves !* » – à un de ses élèves pris en flagrant délit d'initié mensonge.

Une question qui, bien évidemment, abrite une pointe aiguë d'ironie puisque, désormais, l'électricité apporte aux individus un confort sans faille et sans pareil ; un confort que nos ancêtres du dix-huitième siècle qui découvraient alors les balbutiements de cette science, n'auraient pu imaginer.

S'éclairer, se chauffer, se déplacer sont aujourd'hui choses aisées grâce aux nombreuses propriétés et multiples applications offertes par l'électricité. Bien plus, sans cette énergie, le terme *'révolution'* en matière de communication, ainsi que tous les progrès que peut apporter la science émergente de ces dernières décennies (l'informatique), ne serait qu'une chimère, qu'un conte, qu'une légende narrée par de vieux hommes se reposant autour d'un feu de camp.

Oui, le monde que nous connaissons aujourd'hui, avec tous ses conforts et petits plaisirs, toutes ses technologies ne seraient point sans cette sous-jacente énergie : l'électricité. Il est flagrant et irréfutable que l'électricité joue un rôle essentiel dans notre civilisation.

De fait, savoir la maîtriser et la distribuer à bon escient à ses innombrables consommateurs représente un important enjeu économique et social.

Malheureusement, l'électricité est une énergie que, pour l'heure, nous ne savons pas stocker. Sa production doit, par conséquent, s'ajuster en temps réel aux besoins croissants des utilisateurs ; utilisateurs toujours plus exigeants en matière de fiabilité et de pérennité des services que les compagnies d'électricité leur fournissent.

Pour satisfaire aux exigences de leurs clients industriels ou particuliers, comme vous et moi, ces sociétés – privées ou publiques – font appel à des entreprises prestataires pour leur concevoir des systèmes informatiques capables de les aider dans cette difficile tâche ; difficile en raison des propriétés intrinsèques à l'énergie transmise, et en raison des défauts que peuvent rencontrer les divers équipements permettant son transport et sa distribution, etc. Dans ce contexte, la question qui émerge est de savoir comment la gestion des réseaux électriques peut-elle être facilitée par l'utilisation d'outils informatiques ? Quel peut-être l'apport de ceux-ci dans ce domaine prépondérant de notre économie ?

Pour y répondre, il est nécessaire de se familiariser avec les concepts entourant les réseaux électriques. Ce livre présente, dans un premier temps, les concepts électriques.

Le second chapitre explique les réseaux électriques de la centrale aux consommateurs, soulevant ensuite les problèmes liés au transport et à la distribution d'énergie – la protection et le contrôle des équipements, la supervision du transit électrique – et ceux liés à la diversité des réseaux, et mettrons en exergue, dans le troisième chapitre, les solutions proposées par l'informatique, et les spécificités de conception et de développement employées dans ce secteur et plus généralement, dans les domaines de l'énergie.

Comme évoqué à l'instant, de par l'histoire, il existe différents types de réseaux : Des réseaux à courant continu, d'autres à courant alternatif, etc. Cette disparité influe tout naturellement sur les systèmes informatiques qui gèrent sa conduite - activité désignée par le mot anglais : *dispatching*.

Figure 1: «⬚*Poteau électrique en Pologne*⬚» par Clicgauche[1]

[1] Le cliché «⬚*Poteau électrique en Pologne*⬚» est de Clicgauche, un travail personnel, publié sous la License Créative Commons Attribution-Share Alike 3.0-2.5-2.0-1.0, via Wikimédia Commons : fr.wikipedia.org

1 Les Concepts Électriques

Lorsque je n'étais qu'un jeune adulte commençant ma carrière professionnelle dans l'industrie de l'énergie, je me surprenais en écrivant ceci: « *L'électricité, cette science qu'au hasard d'une prise, je découvris à l'âge de cinq ans.* »

Une définition somme toute insignifiante qu'une vague cicatrice à la main droite m'avait inspiré. Une définition qui n'a trouvé grâce dans les dictionnaires. Les dictionnaires définissent en effet l'électricité par une « *manifestation d'une forme d'énergie associée à des charges électriques au repos ou en mouvement* »

Oui, mais qu'est-ce qu'une charge électrique ? Une charge électrique serait la «*quantité d'électricité portée par un corps.* »

Nous ne sommes donc pas plus avancés pour définir l'électricité. Tournons-nous donc vers les encyclopédies universelles, comme Wikipédia. Nous apprenons ainsi que l'électricité est :

> « *L'effet du déplacement de particules chargées, à l'intérieur d'un « conducteur », sous l'effet d'une différence de potentiel aux extrémités de ce conducteur. Ce phénomène physique est présent dans de nombreux contextes : l'électricité constitue aussi bien l'influx nerveux des êtres vivants que les éclairs d'un orage. Elle est largement utilisée dans les sociétés développées pour transporter de grandes quantités d'énergie facilement utilisable.* »

Et si nous ajoutons à cette myriade de définitions plus ou moins compliqués, les nombreuses formules et les outils mathématiques complexes que l'électricité utilise, nous nous trouvons dans un espace étrangement réduit, où seuls les plus déterminés arrivent à trouver un sens à tout ce charabia.

Aussi, pour tous les autres, en commençant par moi, dans ce premier chapitre, je souhaite comprendre les mystères de cette science, en utilisant des analogies prises dans le secteur hydrique. Par ces analogies physiquement concrètes, ensemble, nous réussirons à éclaircir cette brume théoricienne, à comprendre les primaires concepts électriques.

Imaginons une rivière qui coule d'un point amont A vers un point aval B comme l'illustre la Figure 2(A) ci-dessous.

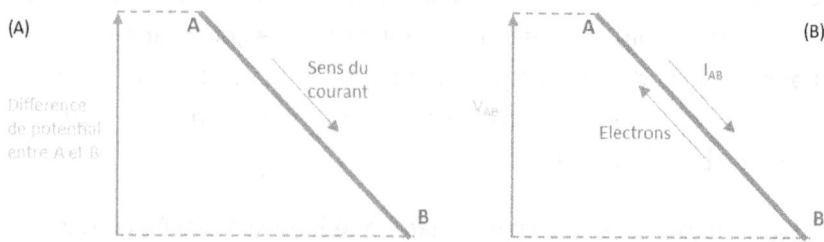

Figure 2: Analogie Hydrique et Électrique : Tension et Intensité

Cette rivière possède une pente plus ou moins constante qui crée un écoulement de l'eau de A vers B; écoulement dont la vitesse (ou, intensité) dépend en partie de cette déclivité :

Plus la différence d'altitude (ou de potentiel) entre A et B est forte, plus son intensité est importante.

En électricité, cela fonctionne de manière identique : Un courant (ou intensité) est créé entre deux points n'ayant pas le même potentiel. On appelle cette différence : Tension entre A à B, notée V_{AB}.

Dans la nature, l'existence de cette tension qui donne naissance au courant entre A et B, noté I_{AB}, se justifie par une loi électrique incontournable qui se nomme la loi de Coulomb et qui édicte qu'un « *corps contenant des électrons libres capable de se déplacer d'un atome au suivant est soumis à une force inversement proportionnelle au carré de la distance qui le sépare du prochain atome et proportionnelle au produit de sa charge et de celle dudit atome.* »

Cette charge est qualifiée d'électrique.

Pour ne pas confondre cette notion avec une prochaine, nous la désignons par le terme *Quantum*.

Pour rappel, les électrons et les protons qui forment, avec les neutrons, les atomes ont un *Quantum*, respectivement négatif et positif, de 1.602 x 1019 Coulomb.

Le *Quantum* que porte chaque corps est à l'origine des courants électriques. En effet, un électron, par essence, se déplace toujours vers un point de plus haut potentiel. Quant au sens du courant, il est inverse à celui des électrons. La Figure 2(B) illustre ce propos.

Mais, revenons-en à notre analogie en y ajoutant une évidence : Aucune rivière ne peut être schématisée par la Figure 2(A) puisque, sur sa route, tout cours d'eau rencontre au moins un obstacle qui perturbe plus ou moins son écoulement. En électricité, un courant est aussi confronté à des obstacles de nature différente.

Ceux-ci sont communément surnommés charges. Parmi celles-ci, on distingue trois types :
- Les Résistances
- Les Inductances
- Les Capacités

1.1 Les résistances

Elles agissent sur le courant comme des pierres ou, des troncs d'arbre arraché à leur terre, le font sur un ruisseau. Elles créent des remous, ralentissent sa course, échauffent son flux. Aussi, les résistances relient les notions de tension et d'intensité par la formule suivante : « **U=RI** » où U, I et R sont, respectivement, la **tension**, l'**intensité** et la **résistance**.

Au sein des circuits électriques, elles se schématisent par la figure 3 ci-dessous.

Figure 3: Une Résistance Électrique

1.2 Les inductances

Elles ont le même effet sur l'intensité que les résistances.

Elles s'opposent à son courant. La formule mathématique traduisant ses effets est la suivante : $V = L\dfrac{dI}{dt}$, où $\dfrac{dI}{dt}$ est la dérivée de l'intensité par rapport au temps et, L, l'inductance. D'ordinaire, elle se symbolise comme une spirale, une bobine (Figure 3).

Dans le domaine hydrique, on pourrait imaginer une partie étroite d'une rivière avec des remous qui ralentirait la vitesse de son flot.

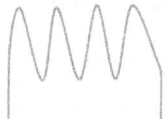

Figure 4: Une Inductance

1.3 Les capacités

Ces dernières, troisièmes et dernières composantes fondamentales des circuits électriques, peuvent être comparées aux écluses présentes sur de nombreux canaux fluviaux.

Techniquement, une écluse - écluse à sas - permet à un bateau de passer d'une voie navigable à une autre de niveau différent.

Son fonctionnement qu'illustre la figure ci-dessous, est fort simple :
- Le navire entre dans le sas (A).
- La porte par laquelle ledit navire est entré se ferme. Après égalisation des niveaux du sas et du bassin de sortie, par échange d'eau entre eux (B et C),

- La porte correspondante s'ouvre et le bateau peut alors poursuivre son périple (D).

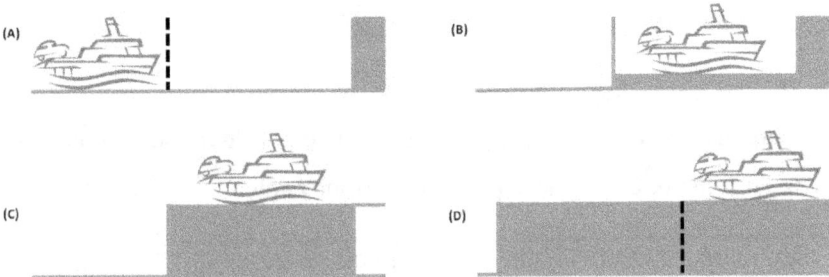

Figure 5: Fonctionnement D'Une Écluse À Sas

Au sein des circuits électriques, les condensateurs ont un comportement similaire : Ils emmagasinent de l'intensité jusqu'à ce que leur capacité de stockage soit atteinte. Ils se déchargent alors intégralement, rendant l'intensité accumulée au circuit.

Ces deux phases - charge et décharge - interviennent, en général, à un intervalle de temps très court : De l'ordre de la milliseconde.

La figure ci-dessous illustre leur représentation électrique.

Figure 6: Un Condensateur

Pour simplifier, nous nous sommes contentés de qualifier les composants fondamentaux par des termes génériques équivalents : Charge, consommation ou impédance car, ces concepts regroupent toutes les caractéristiques de ces éléments.

Enfin, tout au long de son parcours, une rivière subit les effets de la chaleur : Une partie de son eau s'évapore, se perd dans l'atmosphère.

Le même phénomène est observable dans les circuits électriques et, se nomme perte ou puissance perte.

De là, nous en venons à étudier...

1.4   Les puissances

... parmi lesquelles, nous pouvons distinguer...

1.4.1   La Puissance Instantanée

... qui est, par définition, le produit simple des valeurs de la tension et de l'intensité. Elle se note **p(t)** et est donc égale à : **V(t) x I(t)**.

Son unité est le WATT aussi appelée Volt Ampère (Va).

La mesure de **p(t)** ne fournit malheureusement que peu d'informations aux électriciens.

En effet, elle ne permet pas de connaître précisément les puissances véritablement consommées et celles perdues lors du transport de l'électricité.

1.4.2   La puissance active

... leur permet, en revanche, d'évaluer avec précision la puissance consommée par la partie « *résistance* » du réseau électrique, c'est-à-dire, la puissance utile, la puissance que paie le consommateur.

Elle est symbolisée par la lettre **P**.

Quant à...

1.4.3   La puissance réactive

..., elle donne la puissance consommée par l'inductance et la capacité dudit réseau : La puissance de transit. La lettre **Q** la représente.

Pour caractériser un conducteur ou une ligne d'un circuit électrique, le couple « *Puissance Active, Puissance Réactive* » : **(P, Q)** suffit.

Jusqu'à présent, nous nous sommes contentés de lister les éléments fondamentaux des circuits électriques et de donner certains outils de mesure, autrement dit, de tisser une première base théorique. Néanmoins, celle-ci ne permet pas encore d'appréhender la problématique des réseaux électriques.

En effet, de par l'histoire des réseaux électriques, il existe différents types de courant.

1.5 Le courant continue

... ou **CC** (DC pour *Direct Current* en anglais) est un courant électrique dont la tension est indépendante du temps.

Par extension, on nomme Courant Continu un courant périodique dont la composante continue constitue l'essentiel de la puissance, ou plus globalement un courant électrique qui circule continuellement (ou très majoritairement) dans le même sens.

Pour qualifier ces grandeurs électriques indépendantes du temps, telles que tension ou courant et des dispositifs fonctionnant en courant continu et tension continue, ou encore des grandeurs associées à ces dispositifs, on utilise les deux lettres CC (*Courant Continu*) ou DC *Direct Current*.

Le courant continu est produit des générateurs, comme les piles, les batteries d'accumulateurs, les piles à combustible et les panneaux solaires.

1.6 Le courant alternatif

... est, de par l'histoire, devenu le courant universel fourni, à leurs clients, par les compagnies d'électricité.

En première approximation, nous pouvons considérer la tension et l'intensité alternatives comme des sinusoïdes pures à la fréquence (nombre d'ondulation par seconde) imposées par les alternateurs : 50 Hertz en Europe, 60 aux Etats-Unis.

Le schéma ci-dessous donne un exemple de signal : $\mathsf{s(t)}$.

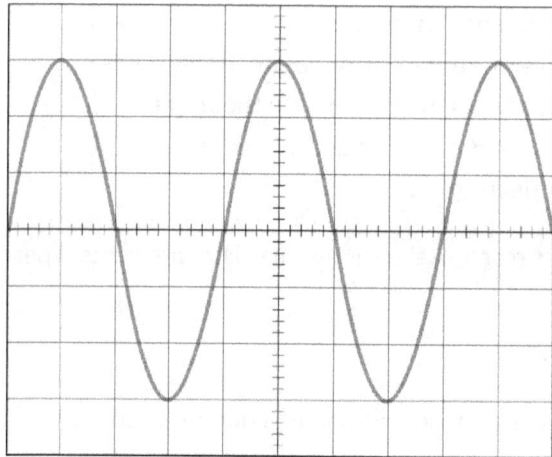

Figure 7: Un Signal Sinusoïdal[2]

Mathématiquement parlant, s(t) est donné par la formule : « **A cos(2 π ft + φ)** » où :

- **A** est la valeur crête,
- **f** est la fréquence,
- **φ** est la phase du signal et,
- **t** est le temps.

Ainsi, un tel signal est entièrement déterminé par les trois variables **A**, **f** et **φ**.

En électricité, **A** est communément appelée valeur efficace.

De fait, une tension alternative **v(t)** est égale à V_{Eff} **cos(ωt + φ)**, avec :

---

[2] « *Oscillographe tension sinusoïde* » by Crochet David, Travail Personnel. Publié sous la License Créative Commons Attribution-Share Alike 3.0 via Wikimédia Commons : fr.wikiversity.org

- **V$_{Eff}$**: Sa tension efficace, c'est-à-dire, la tension constante capable d'engendrer à travers la partie « résistance » du circuit la même puissance que la tension v(t).

- **ω**: **2π** fois la fréquence.

- **φ**: Son déphasage avec l'intensité. Ce dernier dépend, entre autre, des charges présentes au sein du circuit électrique traversé.

Cette tension alternative est celle des systèmes monophasés; le courant électrique y étant généré par un alternateur. Les systèmes polyphasés – dont le plus répandu, en raison de ses nombreuses propriétés favorables à la production et au transport, est...

1.7   Le Système Triphasé

..., souvent abrégé « **3$^{\sim}$** » – sont obtenus en alimentant un même réseau grâce à un certain nombre de tensions de même fréquence déphasées les unes par rapport aux autres.

Pour les systèmes triphasés, les trois tensions appliquées ont un déphasage de **2 π /3** (ou **120°**)**,** comme l'illustre la figure suivante.

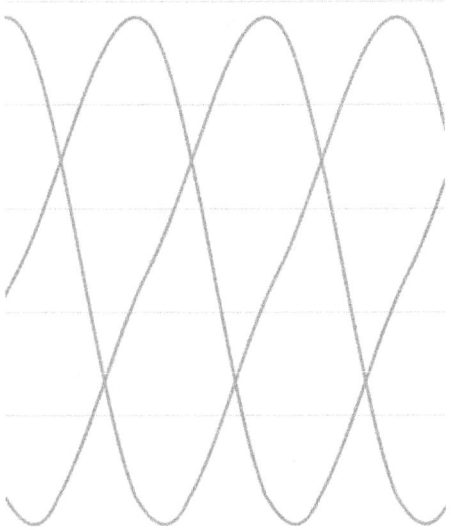

Figure 8: Les Trois Tensions D'Un Système Triphasé

Qu'est-ce qu'un système triphasé équilibré ?

Nous qualifions de la sorte ou, de symétrique ou, de balancé, un système dont les charges liées à chaque phase (tension) sont identiques. Ce déphasage permet alors de disposer d'une tension efficace constante.

Bien plus, les phases étant transportées sur une unique ligne disposant de 3 ou 4 conducteurs - un conducteur par phase et un quatrième facultatif, pour le retour du courant, appelé conducteur neutre ou, simplement neutre - contre 6 en monophasé, il permet de diminuer les pertes et les chutes de tension occasionnées par le transport : Les résistances et les réactances (puissance active, puissance réactive) des conducteurs étant directement liées au volume de cuivre desdites lignes.

Nous pouvons donc dire qu'un réseau triphasé est un assemblage de trois générateurs de tension indépendants connectés soit en étoile (**Y**) avec un point commun appelé point neutre, soit en triangle (**Δ**). Les schémas ci-dessous illustrent ces deux montages.

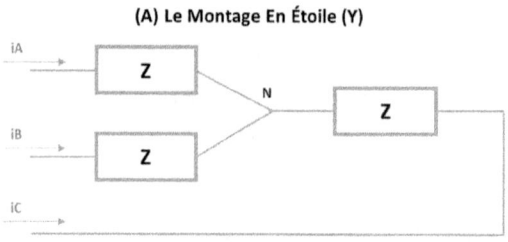

(A) Le Montage En Étoile (Y)

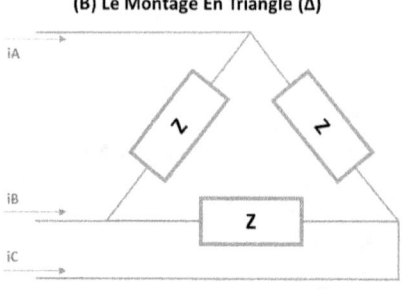

(B) Le Montage En Triangle (Δ)

Figure 9: Les Montages En Étoile (Y) Et En Triangle (Δ)

Si le réseau est parfaitement équilibré tant au niveau des générateurs que des charges, le courant qui circule dans le conducteur de retour est nul. Dans ce cas, nous pouvons ne pas le prévoir et ainsi, faire l'économie d'un dernier conducteur.

Toutefois, la conception et l'exploitation d'un réseau électrique équilibré ne peuvent être menées sans prendre en compte son fonctionnement en régime déséquilibré, tel qu'il peut apparaître lors d'un court-circuit entre une phase et la terre. Dans une telle situation, il est nécessaire de distinguer le point neutre **N** et la terre qui pourra jouer le rôle du conducteur de retour pour les courants de court-circuit.

En France, le réseau est un réseau équilibré. Il est donc fréquent que la terre joue ce rôle de point neutre.

En revanche, dans les réseaux triphasés déséquilibrés où les charges Z de chaque phase ne sont pas les mêmes, les courants de ligne **iA**, **iB** et **iC** ne sont alors pas tous égaux. La conséquence la plus immédiate est que le neutre est déplacé du point commun de chacune des phases. Les électriciens parlent de déplacement du neutre.

En outre, comme nous l'avons vu, les principes régissant un système triphasé peuvent être comparés à ceux d'un moteur hydraulique. Cette analogie nous a permis de mieux comprendre les différences existantes entre un système dit « *équilibré* » et un autre dit « *déséquilibré* » : La mutuelle impédance.

Le déplacement du neutre et les interactions entre phases démontrent donc bien que les modules de calculs des systèmes informatiques gérant les réseaux ne peuvent être les mêmes dans le cas du triphasé balancé et dans celui du triphasé déséquilibré.

Mais ne nous embarquons pas tout de suite dans ce complexe charabia. Nous comprenons désormais les concepts fondamentaux de l'électricité, avec ses composants, et ses principaux systèmes.

Mais, nous avons encore une question importante à répondre : ***comment sont formés les réseaux électriques ?***

Figure 10: Thomas Edison[3] et Nikola Tesla[4]

Thomas Edison est un scientifique et industriel américain, fondateur de General Electric. Il est reconnu comme l'un des inventeurs américains les plus importants et les plus prolifiques, revendiquant le nombre record de 1 093 brevets, pionnier de l'électricité, diffuseur, vulgarisateur, il poursuit ses recherches dans des technologies d'avant-garde.

Nikola Tesla est reconnu comme un des plus grands scientifiques dans l'histoire de la technologie. Ses travaux les plus connus et les plus largement diffusés portent sur l'énergie électrique.

---

[3] «⬚*Thomas Edison, 1878*⬚». Sous licence Public domain via Wikimedia Commons
[4] «⬚*Nikola Tesla*⬚» par Napoleon Sarony, carte postale de 1890th. Sous licence Public domain via Wikimedia Commons.

2 Les Réseaux Électriques

N'existant pas en quantité suffisante dans la nature pour être exploité en l'état, l'homme doit transformer tout type d'énergie pour pouvoir l'utiliser. Les hydrocarbures en sont une parfaite illustration : l'homme les extrait de la terre via des puits qu'il a creusés, les transforme en essence pour se déplacer, en gaz pour se chauffer ou encore, en plastique. Toutes ces activités induisent que l'homme est capable, au cours de ce processus de conversion, de stocker pour une durée donnée les hydrocarbures et les résultats obtenus durant les transformations successives de ces derniers.

En ce qui concerne l'électricité, l'homme ne possède pas ce savoir-faire à l'échelle industrielle. En revanche, l'homme sait en produire, la transporter et la distribuer aux travers d'équipements spécifiques appartenant à un même ensemble : le réseau électrique.

2.1 De la Centrale au Consommateur

Depuis la conception de la première pile (la pile Volta, illustrée ci-dessous), l'homme sait produire, de manière industrielle, de l'électricité.

Figure 11: La Pile Volta[5]

---

[5] La «Pile Volta » par Luigi Chiesa, un travail personnel, publié sous la licence Créative Commons Attribution-Share Alike 3.0 via Wikimédia Commons : fr.wikipedia.org

Aujourd'hui, les principaux générateurs d'électricités sont les centrales...

2.1.1 Les Centrales Électriques

Quel que soit le type de centrales, celles-ci exploitent toutes le même principe pour générer de l'énergie, à savoir :

- Une chute d'eau ou, une source de chaleur, provenant de la combustion d'une source primaire (tel que le charbon, le fioul, le pétrole, le rayonnement solaire), ou issue de la fission des atomes d'uranium, entraîne...
- Une machine motrice rotative (une turbine) qui délivre une force mécanique à...
- Un alternateur assurant la conversion finale en électricité.

Pour différencier les types de centrales électriques, on utilise le nom de leur source primaire. On distingue :

2.1.1.1 Les Centrales Hydrauliques

Précurseurs, elles furent les premières usines à produire industriellement de l'électricité au début du XXème siècle, en utilisant les chutes d'eau pour entraîner leurs turbines.

En anecdote, la Norvège, de par sa géographie particulière avec ses nombreuses montagnes boisées et enneigées et surtout, avec ses fjords d'eaux claires baignés de soleil l'été et recouverts d'un désert blanc l'hiver, puise aujourd'hui la presque totalité de sa production électrique dans celle des centrales hydrauliques.

Parmi ce type de centrales, on en distingue trois qui ont des fonctionnements et des rendements différents :

- Les centrales au fil de l'eau,
- Les centrales régies par une retenue créée par un barrage et,
- Les centrales marémotrices.

Quoiqu'il en soit, les centrales hydrauliques sont moins productives que...

2.1.1.2   Les Centrales Thermiques

… véritables usines à fabriquer de l'électricité. Dans celle-ci, l'énergie mécanique délivrée à l'alternateur est fournie par la vapeur d'eau. Eau chauffée par la combustion de la source. Après évaporation, l'eau est récupérée par des pompes et, réinjectée dans les turbines.

En France, ce type de centrales assure désormais moins de 8,5% de la production électrique. Ceci s'explique par le coût élevé de la source primaire et par la nécessité d'indépendance énergétique – besoin résultant des chocs pétroliers successifs de la décennie 1970.

Depuis 1988, elles sont supplantées par les centrales nucléaires.

2.1.1.3   Les Centrales Nucléaires

Cette fois, la source primaire est les atomes. Leur fission fournit de l'énergie qui, au sein des barres d'uranium d'un réacteur, se transforme en chaleur et qui va permettre à l'eau de s'évaporer et donc de produire de l'électricité.

Pour la France - second après les Etats-Unis en nombre de centrales de ce type - le nucléaire intervient dans 78.7% de la production électrique.

Dans le monde, plusieurs centaines de réacteurs nucléaires fonctionnent pour fournir environ 17% de la production électrique.

Après l'accident nucléaire de Fukushima qui continue de bouleverser le Japon et son économie, l'avenir du nucléaire est en question. Malgré tout, beaucoup sont nombreux à penser que la part du nucléaire dans la production électrique mondiale devrait continuer d'augmenter sous l'effet des trois nécessités suivantes :

- Répondre à une demande énergétique croissante,
- Economiser les combustibles fossiles (les hydrocarbures),
- Ne pas accroître à la pollution atmosphérique et au dégagement des gaz à effet de serre.

Toutes ces centrales représentent des sources d'énergie ou, racines des réseaux électriques. Elles sont reliées à ceux-ci via un jeu de barres auquel des lignes électriques aériennes ou souterraines sont rattachées.

Ces lignes forment les réseaux électriques. Ceux-ci se subdivisent en trois niveaux :

- Les réseaux de transport,
- Les réseaux de distribution et,
- Les réseaux dits locaux.

2.1.2 Les Réseaux de Transport

En règle générale, les réseaux de transport ont une structure en toile d'araignée (on parle de réseau maillé) : c'est-à-dire que l'énergie produite par les centrales dispose de plusieurs chemins pour aller jusqu'à l'utilisateur, en l'occurrence, jusqu'aux transformateurs Haute Tension/Moyenne Tension (HT/MT[6]) ou Très Haute Tension / Moyenne Tension (THT/MT) que la source alimente ; la gestion du transit de l'énergie étant l'affaire d'un opérateur.

Cette architecture maillée offre une interconnexion entre les divers réseaux de transport. Celle-ci assurant une grande sécurité - du simple fait que l'énergie produite par les centrales peut emprunter plusieurs chemins pour approvisionner ses clients industriels ou ses transformateurs - en cas d'avarie d'un des éléments dudit réseau mais, nous aborderons ce problème dans une prochaine partie.

Leur rôle est de transiter les colossales puissances fournies par les centrales électriques vers des transformateurs HT/MT ou THT/MT.

A titre informationnel, un réseau THT/HT possède une tension variant entre 400 à 60kV (kilo Volt), un réseau MT une de 60 à 3kV, un réseau BT une de 3kV à 110Volts ; les prises connectées chez soi ne dispensant, en France, qu'une tension nominale de 220 Volts – ce qui est tout de même dangereux ; souvenez de la cicatrice sur ma main droite…

---

[6] THT/HT/T/BT : Très Haute Tension, Haute Tension, Moyenne Tension, Basse Tension

Les réseaux de transport ont trois missions, chacune essentielle dans la tâche à accomplir : satisfaire les besoins en énergie des consommateurs.

Ces trois rôles sont les suivants :
- Le transport proprement dit de l'électricité entre deux points : des centrales aux transformateurs HT/MT, c'est-à-dire des sources aux réseaux de distribution (second niveau des réseaux électriques) sur lequel le prochain paragraphe va s'attarder.
- L'interconnexion entre deux réseaux de distribution,
- La répartition à l'intérieur d'une zone de consommation ; répartition possible grâce à cette structure maillée.

2.1.3 Les Réseaux de Distribution

Hormis quelques exceptions, les réseaux de distribution s'organisent comme un arbre : l'énergie s'écoule des transformateurs HT/MT dans les branches et dérivations des zones associées.

Ils ont ce que nous appelons une topologie radiale ; c'est-à-dire qu'il n'existe qu'un et unique chemin entre la source et l'utilisateur.

Ils desservent d'une part les postes de Moyenne Tension / Basse Tension (MT/BT) alimentant les réseaux locaux et, d'autre part tous les clients industriels demandant des puissances de 250 à 10000 kW (kilos Watt).

Remarquons aussi que pour des questions de coûts, les réseaux ruraux de distribution sont aériens. Et pour des questions paysagères et de sécurité, en zone urbaine, ils sont souvent souterrains. Mais qu'ils soient enterrés ou pas, ils se composent toujours des mêmes éléments.

Ces éléments sont les suivants:
- **De stations primaires**, station frontière des zones de transport et de distribution. Elle comporte des...
- **Postes de transformations HT/MT** qui alimentent le réseau. On les nomme postes sources. Ces derniers sont reliés au réseau de transport via une...
- **Ceinture Haute Tension** et, dispose d'un...

- **Bus secondaire** séparé de cette ceinture par un…
- **Organe de coupure**. Il en existe trois types que le prochain paragraphe liste exhaustivement.
- **Des lignes Moyenne Tension** caractérisées par une Puissance Active et une Puissance Réactive qui relient les postes sources aux…
- **Charges** : réseaux de niveau local ou clients industriels. Enfin, le réseau de distribution compte un certain nombre…
- **D'équipements électriques** destinés à sa maîtrise et à son contrôle via la détection de défauts ponctuels, la capture de mesure électrique, etc.

Le schéma ci-dessous regroupe l'ensemble des éléments précédemment évoqués.

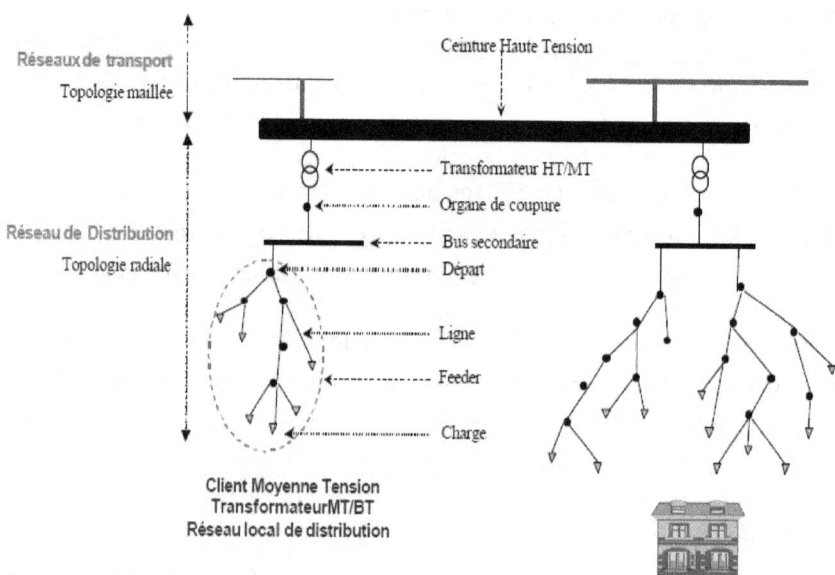

Figure 12: Un réseau de distribution

Pour en revenir aux organes de coupure, trois catégories existent :
- **Les sélectionneurs** qui ont pour but de matérialiser la coupure du réseau en un point par une distance d'ouverture visible et

infranchissable aux surtensions. Ces sélectionneurs se manipulent hors tension, hors courant.

- **Les interrupteurs**, eux, sont capables de couper le courant normal traversant un appareil.
- **Les disjoncteurs** qui ont pour fonction de couper les courants très intenses qui circulent dès que se produit un incident pour séparer du réseau le matériel qui en est le siège et ce, dans des délais aussi brefs que possibles.

En règle générale, un transformateur est séparé de son bus secondaire par un organe de coupure de ce type. Le bus secondaire étant lui-même séparé de la zone – désignée par le terme anglais feeder – qu'il alimente par un de ces disjoncteurs, communément appelé « *Organe de Coupure de Départ* » ou simplement départ.

Et ce fameux Smart Grid, alors ?

Selon nos amis de Wikipédia, « *Le smart grid est une des dénominations d'un réseau de distribution d'électricité « intelligent » qui utilise des technologies informatiques de manière à optimiser la production, la distribution, la consommation et qui a pour objectif d'optimiser l'ensemble des mailles du réseau d'électricité qui va de tous les producteurs à tous les consommateurs afin d'améliorer l'efficacité énergétique de l'ensemble.* »

Mais soyons clair, le *Smart Grid* que nous connaissons aujourd'hui s'intéresse principalement aux réseaux de distribution. Pourquoi ? Tout simplement parce que c'est dans ces réseaux que le plus grand retour sur investissement peut se réaliser ! Mais gardons ce sujet pour plus tard !

Bref, désormais nous sommes capables de distinguer les divers éléments composant les réseaux électriques de transport et de distribution. Enfin, comme le suggère la figure 12 de la page précédente, il existe un troisième niveau : la partie locale de distribution.

2.1.4   Les Réseaux Locaux

Ils amènent l'électricité des transformateurs Moyenne Tension / Basse Tension (MT/BT) à votre disjoncteur, c'est-à-dire, du réseau de distribution aux équipements de votre maison : portail, sonnette, éclairage, chauffage, climatisation, appareils électroménagers, matériels d'hygiène et de beauté, sans oublier les produits de bricolage et les jouets qui n'échappent pas à l'emprise de cette énergie.

Leur architecture peut être radiale ou maillée, et évolue très rapidement : connexion d'un nouveau client, modernisation des matériaux utilisés, etc.

Et mon compteur électrique intelligent, alors?

Et oui, même si le Smart Grid se concentre principalement sur les réseaux de distribution, pour être intelligent, il a besoin d'yeux ; et ces yeux, ceux sont ces fameux compteurs... Mais ceci est un autre sujet, un autre livre !

Bref, pour en conclure avec la structure des réseaux électriques, nous savons désormais que le courant doit traverser une multitude d'équipements électriques avant d'approvisionner les consommateurs.

Or, comme tous appareils, ces équipements souvent coûteux ne sont pas à l'abri des pannes qui peuvent subvenir à tout moment, et ce, malgré les progrès considérables effectués en matière de composants électroniques.

Ainsi, pour constamment fournir de manière fiable de l'énergie à leurs clients, les compagnies d'électricité, désignées par l'anglicisme *Utilities*, doivent faire face à tous les problèmes pouvant survenir sur leurs réseaux (incidents, maintenance, etc.) tout en limitant les conséquences de ces problèmes sur la pérennité de leur service.

Dans le prochain paragraphe, nous allons nous intéresser aux problèmes qui peuvent subvenir dans la partie transport et distribution non locale des réseaux électriques.

2.1.5   La protection et le contrôle des équipements

De par son omniprésence, l'électricité joue un rôle capital dans notre civilisation, même s'il n'est pas perçu par le non-spécialiste. Toujours disponible, elle nous offre le confort avec les systèmes haute-fidélité, l'électroménager de pointe et autres appareillages.

Elle est aussi fortement liée à la révolution informatique : Tous les progrès existants et attendus en matière de communication - avec bien évidemment les super-autoroutes de l'information - ne pourraient être sans elle. En effet, comme toutes autres technologies, celles attenantes à ces autoroutes nécessitent… de l'énergie : magique électricité !

Les fournisseurs d'accès à Internet, poussés par les besoins fonctionnels grandissants de leurs clients-internautes, parlent régulièrement de qualité de services en terme de fiabilité, de disponibilité, de garantie ou, de sécurité; termes que la littérature spécialisée a rendus récurrent aux yeux du grand public.

Imaginez tous ces sites que nous aimons tant - Facebook, Google, Youtube, Twitter, Wordpress, Yahoo!, Amazon, et notre ami Wikipédia - sans cette étrange énergie qu'est l'électricité. Ces sites ne seraient tout bonnement point ! Ce serait d'ailleurs peut-être pour le meilleur…

Ainsi, pour satisfaire aux exigences draconiennes de nos sites Internet favoris, les réseaux électriques sous-jacents doivent fournir, sans discontinuité, l'énergie nécessaire au bon fonctionnement des serveurs, des commutateurs et autres dispositifs liés à cette évolution extraordinaire de la communication.

De la même manière, les établissements boursiers et bancaires, les centres hospitaliers, les industries lourdes et les particuliers, comme vous et moi, réclament aux distributeurs d'électricité la pérennité dans leur service.

D'autre part, la société s'informatisant, s'automatisant, nous utilisons de plus en plus d'appareils consommant de l'énergie électrique.

De fait, quantitativement, nos besoins augmentent avec des taux supérieurs à 8% par an, c'est-à-dire, un doublement tous les dix ans.

En outre, selon l'UNESCO, dans les 20 ans à venir, la population mondiale devrait augmenter de deux milliards de personnes entraînant le doublement de la consommation électrique et par induction, celle de la demande en infrastructures spécialisées dans la production, le transport et la distribution de l'énergie.

Pour répondre à cette progression considérable, l'industrie électrique a dû moderniser ses équipements ; équipements jouant un rôle stratégique dans l'expansion de l'économie d'une région, voire d'un pays, comme pour ceux d'Europe occidentale (l'Allemagne, la France).

Cette modernisation se traduit notamment par le remplacement progressif des centrales thermiques au charbon, au fioul et au gaz naturel par des centrales nucléaires capables de produire davantage à un moindre coût.

La France, via les centrales gérées par EDF, puise de nos jours 78,7% de sa production électrique dans le nucléaire, faisant ainsi d'elle un des principaux leaders dans le domaine.

Enfin, les recherches poursuivies dans les énergies renouvelables, comme le solaire et l'éolien, ont pour but d'étudier et d'apporter de nouvelles possibilités permettant de répondre à la demande énergétique de demain.

Toutefois, ce rajeunissement du parc électrique n'a pu empêcher par le passé certains équipements d'être le siège de pannes ou, certains incidents électriques (surintensité, surtension, sur-fréquence) provoquant l'écroulement des réseaux et par conséquent, plongeant les résidents de certaines villes dans le noir durant toute une journée ; ce fut notamment le cas :

- Le 23 juillet 1987 à Tokyo : Trois millions de clients sont coupés ;
- Le 13 mars 1989 au Hydro-Québec: 6 millions d'usagers touchés;
- Le 23 août 2003 à Helsinki : 500 000 personnes touchées ;
- Le 28 août 2003 à Londres : 500 000 personnes touchées ;
- Le 23 septembre 2003 au Danemark et dans le sud de la Suède : 5 millions de personnes touchées ;
- Le 28 septembre 2003: panne dans la totalité de l'Italie et brièvement dans le sud de la Suisse.

- Les vendredi 4 et samedi 5 janvier 2008, en Californie, plus de 600 000 foyers et entreprises sont privés de courant à la suite d'une tempête cyclonique
- Le 26 février 2008, en Floride, 3 millions de personnes touchée ;
- Le 31 juillet 2012, end Inde, 670 millions d'usagers sont coupés.

La liste des blackouts est longue et ne cesse d'augmenter. Ils touchent de plus en plus d'usagers, et impactent l'économie mondiale de manière exponentielle. La cause de ces blackouts ?

Nous distinguons deux problèmes récurrents – chacun correspondant à un besoin particulier – et, un état de fait : cette fameuse disparité au sein des réseaux électriques.

Le premier des besoins des Utilities est de protéger efficacement les équipements de leurs réseaux. Lorsque ceux-ci le sont, elles doivent encore s'assurer du bon fonctionnement de leurs appareils.

Détaillons ces deux points.

2.1.5.1   Le besoin primaire de protection

A l'air libre, une grande partie des réseaux électriques est exposée aux chocs et aux intempéries (tempête, inondation) – la figure ci-dessous montre l'effet de la foudre sur un circuit et un câble électriques.

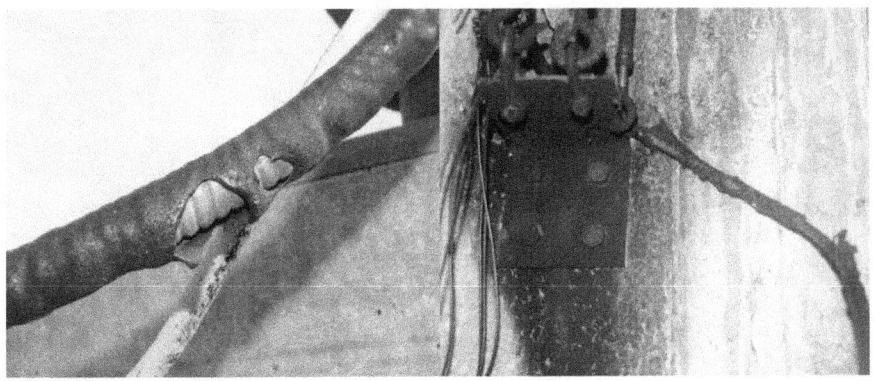

Figure 13: Un circuit et un câble électriques victimes de la foudre[7]

De tels accidents ne peuvent pas, bien naturellement, être contrôlés et encore moins évités. En revanche, leurs conséquences peuvent être limitées en, par exemple, ajoutant deux ou trois conducteurs de réserve aux lignes Haute Tension.

Mais ces dispositifs n'assurent pas une protection infaillible puisque, en définitive, la durée moyenne annuelle de coupure pour un usager français était, en 1987, de 6 heures et 31 minutes[8].

Il faut toutefois noter une légère tendance à l'amélioration du temps moyen de coupure ces toutes dernières années ainsi que l'illustre le graphique ci-dessous. Ainsi, le petit consommateur a été coupé en moyenne 74 minutes en 2011, et 80 minutes en 2012, toutes coupures confondues.

Cette durée moyenne de coupure cache cependant d'importantes disparités entre les utilisateurs, illustrées par la carte ci-dessous, et qui s'expliquent notamment par le fait que les réseaux sont naturellement plus « robustes » en zone urbaine.

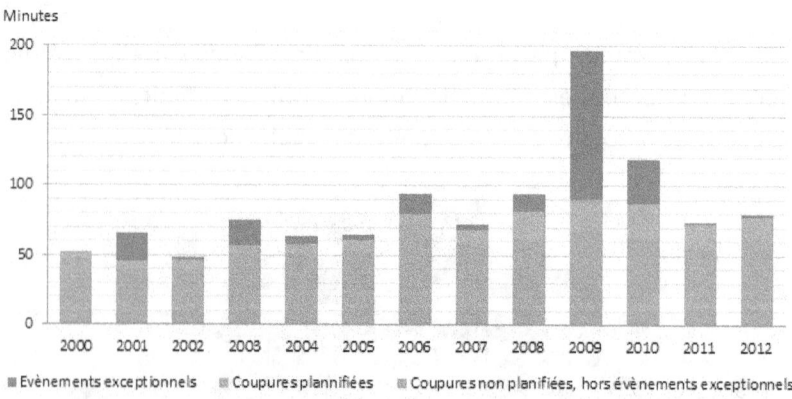

Temps moyen de coupure annuel pour les utilisateurs raccordés aux réseaux Basse Tension gérés par ERDF

Figure 14: Temps Moyen de Coupure Annuel en France[9]

---

[7] Source : http://radio.pagesperso-orange.fr/Protect.htm
[8] Chiffre fourni par Electricité De France (EDF).
[9] Source : http://www.erdf.fr/Qualite_desserte_departement

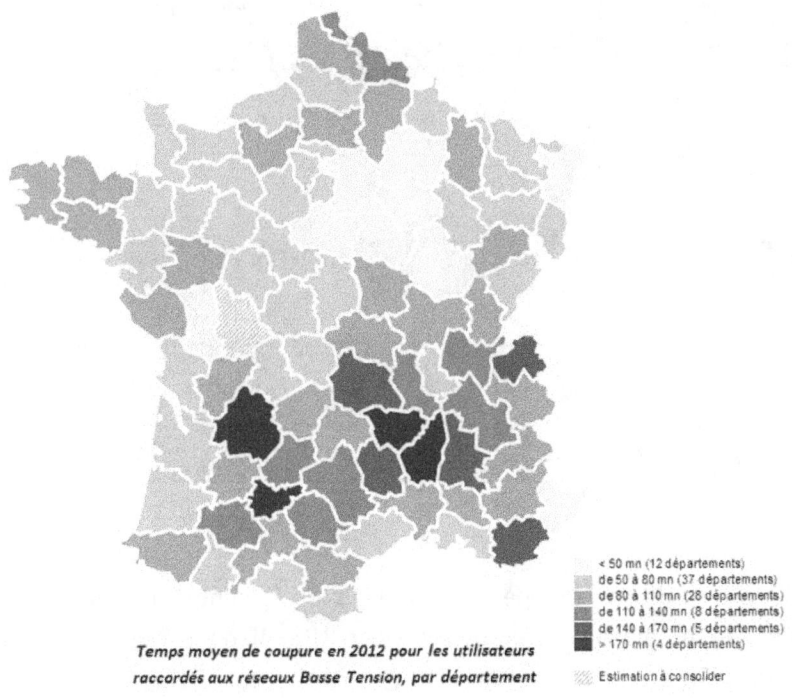

Temps moyen de coupure en 2012 pour les utilisateurs
raccordés aux réseaux Basse Tension, par département

	< 50 mn (12 départements)
	de 50 à 80 mn (37 départements)
	de 80 à 110 mn (28 départements)
	de 110 à 140 mn (8 départements)
	de 140 à 170 mn (5 départements)
	> 170 mn (4 départements)
	Estimation à consolider

Figure 15: Temps Moyen de Coupure en 2012[10]

2.1.5.2 La nécessité d'une surveillance constante

Lorsqu'un équipement est correctement protégé contre ce type
d'incidents, à tout instant, un opérateur doit pouvoir, s'il le souhaite,
contrôler l'état de ce dernier.

Pour ce faire, la majorité des appareils dispose d'une Interface
Homme/Machine (IHM) :

- Soit sous la forme d'un moniteur graphique (cf. la Figure ci-
  dessous),
- Soit en utilisant des diodes électroniques qui renseignent sur des
  points particuliers de l'équipement concerné.

Ces moyens locaux de contrôle sont aussi le siège de défauts qu'il faut
pouvoir limiter, voire d'éliminer par une fabrication précise et
performante.

---

[10] Source : http://www.erdf.fr/Qualite_desserte_departement

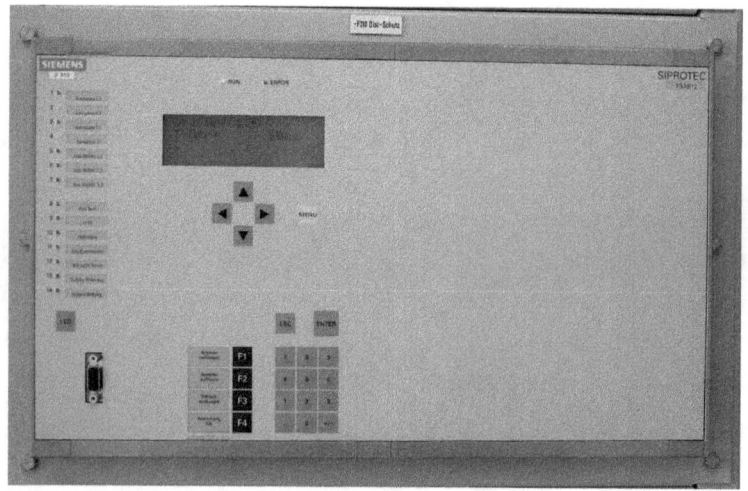

Figure 16: Exemple du moniteur d'un relai de protection[11]

Nous venons de dire qu'un opérateur pouvait localement contrôler l'état d'un équipement électrique au travers d'une IHM. Bien plus, dans certains cas, il peut effectuer une requête sur cet appareil : l'interroger ou lui ordonner de changer d'état (par exemple, passer d'un état manuel à un état automatique), de modifier l'intensité, la tension ou la fréquence du réseau, etc.

Là encore, bien que depuis ces dernières années cette activité tende à se moderniser en optant pour le numérique (nous reviendrons sur ce point dans le prochain chapitre), il peut exister des défaillances (aucun appareil n'étant à l'abri d'une défectuosité : le *zéro défaut* est impossible à obtenir) dans le processus d'exécution d'une requête ou dans, les données acquises par les sondes de l'équipement et présentées à l'opérateur.

Certains équipements spécifiques dédiés à la collecte d'informations permettent une prise de décision locale ou centrale sur leur état. Néanmoins, comme l'illustre la Figure 13, ces appareils peuvent subir les

11 «*Distanzschutzrelais*» par Bad-reg, travail personnel, publié sous la License Créative Commons Attribution-Share Alike 3.0 via Wikimedia Commons : fr.wikipedia.org

affres de la météo ; affres mettant en danger leur fonctionnement. Or, celui-ci est garanti pour des intervalles – fixés par les équipementiers (les fabricants de tels dispositifs) – de températures et de pressions. Au-delà de ces limites, les appareils peuvent fournir des informations erronées et ignorer des seuils d'alerte comme une fréquence trop basse, une tension trop élevée, etc., ce qui, inévitablement, conduirait à la non-maîtrise du réseau.

Tout comme les hommes qui, avant de pouvoir se réaliser, doivent, selon Maslow, assouvir leurs besoins de survie en s'assurant quotidiennement nourriture et logis, les compagnies produisant, transportant et distribuant de l'énergie, avant de pouvoir émettre un besoin systémique, doivent s'assurer que leurs équipements sont - si ce n'est à l'abri d'une défaillance – au minimum protégés, contrôlés et validés.

La question qui surgit désormais, est donc de savoir ce qu'est un besoin systémique pour une entreprise du domaine de l'énergie.

Pour les générateurs (les sociétés produisant de l'énergie : celles gérant, par exemple, un parc de centrales électriques), ce besoin systémique serait de produire à moindre coût la quantité précise d'énergie demandée par les consommateurs à un instant donné.

Pour les transmetteurs et les distributeurs (les sociétés gérant, respectivement, les réseaux de transport et de distribution), cette exigence serait de bien conduire leurs réseaux électriques. Le prochain chapitre va s'intéresser à ces deux besoins systémiques.

2.1.6 La Supervision du Transit Électrique

Sans vouloir revenir sur la présentation effectuée au début de ce chapitre, les réseaux de distribution possèdent une topologie radiale : l'électricité ne dispose que d'un et unique chemin pour aller de la source aux consommateurs.

Or, chaque élément permettant cette distribution peut faire l'objet d'une défaillance ; défaillance qui plongerait dans le noir les clients de la zone située en aval de l'équipement en défaut.

Par conséquent, l'exploitation des réseaux de distribution n'est point chose aisée. Outre ces problèmes ponctuels, elle est soumise à des contraintes importantes dont la première est d'assurer l'équilibre entre la production et la consommation : l'énergie électrique ne se stocke pas mais s'utilise à l'instant même où elle est produite.

Pour simplifier, la supervision des réseaux électriques consiste à assurer en permanence :

- D'une part, l'équilibre rigoureux entre la production et la consommation,
- D'autre part, une qualité de service propre aux infrastructures clientes en limitant la durée moyenne annuelle de coupure pour un consommateur.

2.1.6.1   L'Équilibre Production / Consommation

La demande d'électricité varie tout au long de la journée et des saisons.

En France, l'hiver, la consommation est plus importante en raison du besoin vital de s'éclairer et se chauffer. L'été, elle diminue. Elle fluctue selon l'heure, les températures et la luminosité.

Pour mieux visualiser ces variations, la demande énergétique peut se représenter par une courbe de charge, dont le Centre National d'Exploitation du Système (CNES) qui a pour rôle l'ajustement des volumes de production aux besoins en électricité des consommateurs, élabore la prévision journalière.

Le diagramme ci-dessous, extrait du site Internet de la société RTE France, présente les variations, par points demi-heures, de la consommation française d'électricité de la journée du 4 août 2014, ainsi que les prévisions estimées la veille ; les écarts constatés résultant principalement de l'évolution des conditions météorologiques par rapport aux données prévues (température, luminosité).

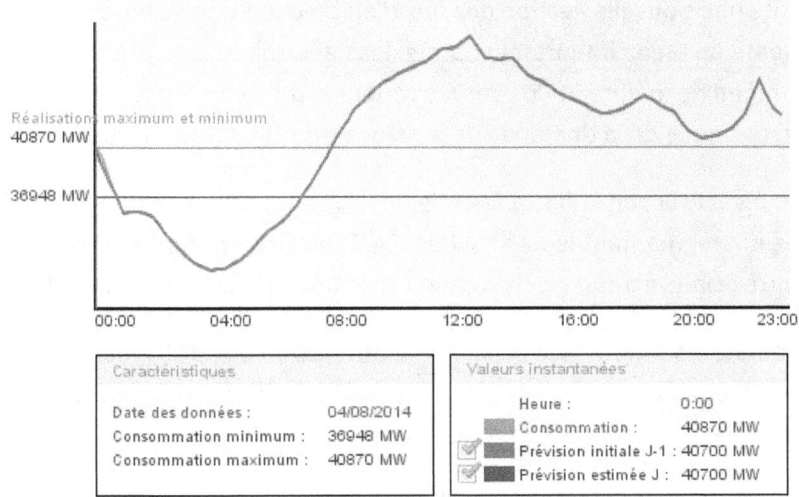

Figure 17: Courbe de la consommation électrique du 4 août 2014[12]

Le Centre National d'Exploitation du Système (CNES) s'assure aussi que les programmes de production prévus par les différents fournisseurs d'électricité permettent de satisfaire la consommation totale.

Nonobstant ce premier aspect du problème (s'assurer que l'ensemble des fournisseurs est en mesure de répondre à la demande), la dérégulation des réseaux électriques ajoute des difficultés à l'approvisionnement des consommateurs.

En effet, le marché de l'énergie a été pleinement restructuré au début du millénaire, avec la séparation de ses divers acteurs :

- Les générateurs : les gestionnaires des centrales,
- Les transmetteurs : ceux chargés du transport de l'électricité jusqu'au réseau de distribution,
- Les distributeurs : ceux qui fournissent l'énergie aux particuliers.

Cette segmentation, comparable à celle qu'a connue le domaine ferroviaire avec les gestionnaires du réseau et les transporteurs[13],

---

[12] Source : http://clients.rte-france.com/lang/fr/visiteurs/vie/courbes.jsp
[13] En France, par la loi du 13 février 1997, la Société Nationale des Chemins de fer Français (SNCF) a cédé la gestion de son réseau à la société des Réseaux ferré de

nécessite une nouvelle gestion des flux d'électricité ; Une gestion qui représente un enjeu important comme, les Californiens ont pu le constater en décembre 2000 avec les coupures de courant occasionnées par l'importance de la demande et le manque d'offres disponibles[14].

De fait, les acteurs de la filiale Energie ont du se repositionner sur le marché en fragmentant leurs activités. Ceci entraîna des flux en temps réel entre lesdits acteurs ; échanges du type boursier : offre / demande.

Les générateurs offrent leur capacité de production aux distributeurs ; Les transmetteurs, par les limites physiques de leurs réseaux de transport, jouant le rôle d'arbitre ou de régulateur.

Pour conclure sur cette contrainte d'équilibre, nous pouvons dire que par nature, elle est à la fois :

- Technique : puisque risquer de ne pas pouvoir la respecter serait dangereux pour la stabilité du réseau et,
- Economique : puisqu'il faut produire au moindre coût, c'est-à-dire, en optimisant l'énergie fournie par les générateurs.

2.1.6.2 La conduite des réseaux de distribution

Avant d'expliquer en quoi consiste la conduite des réseaux de distribution, recadrons, par le schéma ci-dessous, au sein des réseaux électriques la partie incombant à la distribution non locale de l'énergie.

France (RFF).

[14] Les générateurs avaient décidé de produire peu pour augmenter leur tarif. Or, les distributeurs, dont le prix au consommateur est fixé par l'Etat, ne pouvaient acheter l'énergie suffisante pour pourvoir aux besoins de leurs clients. Les distributeurs ont donc été obligés d'interrompre leur service quelques heures par jour, tous les jours, jusqu'à ce qu'un nouvel accord soit trouvé.

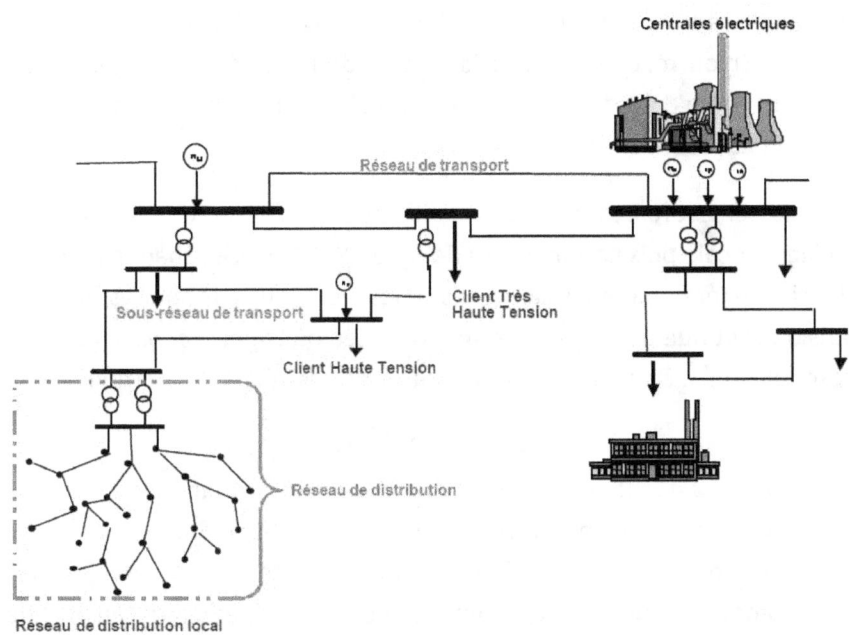

Figure 18: Place de la distribution non locale dans les réseaux électriques

Les réseaux de distribution ont, dans la majeure partie des cas, une topologie radiale permettant à l'électricité de disposer d'un et unique chemin pour parvenir à ses consommateurs. Pour cela, elle transite à travers un certain nombre d'équipements qui, comme nous l'avons vu, peuvent être le siège d'incidents.

La conduite des réseaux de distribution consiste, pour simplifier, à limiter l temps moyen de coupure annuelle par usager que provoquent les pannes o maintenances des éléments du réseau. Son rôle est par conséquent d répondre à la contrainte forte de qualité et de pérennité. Cette contraint est plus particulièrement technique : puisque ne pas fournir une énergie en quantité et en qualité nécessaire à un consommateur serait périlleux pour la sécurité des installations électriques de ce dernier.

Jusqu'à présent, nous nous sommes penchés, de manière générale et fonctionnelle, sur les problèmes que rencontrent les Utilities dans leur souhait de répondre aux besoins primaires et systémiques de leurs réseaux. En outre, comme vous l'avez sans doute noté, lorsque j'évoquais notre domaine d'études, je me suis fait l'écho d'un pluriel persistant en parlant des réseaux électriques.

La raison en est fort simple : de par l'histoire, ceux-ci se sont développés de façon locale puis nationale. Au début du XIXème siècle, chaque pays a choisi unilatéralement les caractéristiques électriques de son système : tension continue ou alternative, monophasée ou triphasée, balancée ou déséquilibrée... D'où, il existe différents types de réseaux électriques.

2.1.7   La Diversité des Réseaux Électriques

Nous avons vu que le rôle primaire des réseaux électriques était de fournir de l'énergie à des individus. En schématisant ce propos, nous pouvons dire qu'ils ne font que transiter des électrons d'une source à un puits comme le font les réseaux informatiques avec des suites binaires (le message) d'un expéditeur à un destinataire.

Or, comme nous le savons, il existe un certain nombre d'interprétations possibles de ces suites de 1 et de 0 – une interprétation se traduisant par un protocole dît de communication, tel que IP ou X25 ; protocoles pouvant ou non s'interconnecter.

Dans le domaine des réseaux électriques, nous retrouvons cette même disparité qui se caractérise en termes d'intensité, de tension et, de fréquence. Toutefois, l'interconnexion de ces réseaux à caractéristiques différentes ne peut se faire qu'à l'aide de passerelles, appelées transformateurs, capables de modifier la tension (et par conséquent, l'intensité).

Comme la présentation des réseaux électriques l'a aussi suggéré en évoquant des réseaux de transport et de distribution, il existe différents types de réseaux électriques.

Ce chapitre va s'attacher à cette disparité : disparité topologique et disparité électrique.

2.1.7.1   *D'un point de vue topologique*

Les réseaux électriques n'obéissent pas tous à la même architecture :

- Les réseaux de transport ont une structure maillée.
- Les réseaux de distribution, une topologie radiale. Toutefois, dans certaines grandes villes, comme New-York, Londres ou Paris, pour des questions de sécurité, ils sont maillés. Ceci bien évidemment pose des problèmes de gestion puisqu'un opérateur ne peut agir de façon identique sur un réseau maillé ou radial : les interactions électriques n'étant pas les mêmes.

Ainsi, si j'en suis venu à parler en termes de pluriel, c'est principalement en raison de la grande diversité existante en matière électrique.

2.1.7.2   *D'un point de vue électrique*

N'étant pas électricien de formation, je ne rentrerai pas (en détails) dans les calculs électriques régissant leur fonctionnement. Mais n'ayez pas peur de vous plonger dans ces formules complexes, et d'écrire un livre sur le sujet ; je serais le premier à l'acheter... peut-être.

En revanche, en utilisant une analogie prise dans le domaine hydraulique, les principes de cette science peuvent être aisément compréhensibles comme nous l'avons vu dans le premier chapitre : Les Concepts Électriques.

Pour en revenir à notre disparité électrique, au sein du réseau mondial, on distingue, de manière non exhaustive deux types de réseaux : ceux à courant continu et ceux à courant alternatif triphasé.

2.1.7.2.1   Des réseaux à courant continu

Ils sont destinés au transport d'énergie à très haute tension sur plus de 600 kilomètres comme au Canada ou, pour la traversée d'un bras de mer comme les liaisons France-Angleterre et, Suède-Danemark.

Ils ne concernent qu'une très petite partie du réseau électrique mondial qui est majoritairement composé...

2.1.7.2.2 Des réseaux à courant alternatif triphasé[15]

Permettant d'exploiter les propriétés du transformateur - pour transporter, en minimisant les pertes énergétiques, l'électricité dite en haute tension (c'est le cas des réseaux de transport) et, de l'utiliser en basse tension pour des raisons de sécurité dans la partie locale de distribution - les réseaux à courant alternatif triphasé ont été adoptés par la plupart des pays, pour ne pas dire tous.

En revanche, les pays n'ont su se mettre d'accord sur le type de courant triphasé utilisé :

- L'Europe a choisi un réseau triphasé équilibré à 50 Hertz (Hz).
- Quant aux Etats-Unis et à d'autres pays, ils ont opté pour un réseau dit déséquilibré à 60 Hz.

2.1.7.2.2.1 Les réseaux triphasés équilibrés

Un réseau physiquement équilibré (ou, balancé) est un réseau dont les trois conducteurs (les trois phases) d'une ligne alimentent chacune une zone de consommation de charge équivalente.

Ceci implique, lors de la conception d'un tel réseau, une étude préliminaire coûteuse mais qui permet, de par les caractéristiques électriques d'une telle infrastructure, d'ignorer tout un ensemble d'interactions existant entre les phases. Pour expliquer ces interactions que certains qualifieraient d'interférences ou de bruit, il est nécessaire d'expliquer plus avant ce que sont les systèmes triphasés équilibrés.

Pour cela, le plus simple est de les comparer au moteur hydraulique. En actionnant la manivelle du moteur hydraulique dans un sens donné, nous nous apercevons qu'il existe, au sein de ce moteur, un écoulement d'eau équilibré entre les tubes : lorsqu'un piston est poussé de trois litres, les deux autres sont tirés (l'un d'un litre, l'autre de deux) créant ainsi un flot parfaitement équilibré entre les trois cylindres.

---

[15] Nous avons déjà discuté le *courant alternatif* et les *systèmes triphasés* dans le premier chapitre.

En observant le moteur dans son ensemble, nous ne constatons aucune perte apparente d'eau : les interactions entre cylindres peuvent donc bel et bien être négligées, ce qui, comme le prochain paragraphe le démontre, n'est pas le cas dans un réseau triphasé déséquilibré.

2.1.7.2.2.2 Les réseaux triphasés déséquilibrés

Reprenons ce même moteur et, imaginons qu'un des trois pistons soit plus large. Dans ce cas, le volume d'eau déplacé lorsque l'opérateur le tire est supérieur au volume que peuvent supporter les deux derniers tubes.

Du point de vue systémique, des phénomènes de fuite entre les tubes sont constatés. Nous en déduisons que la quantité d'eau présente dans une phase, pour un système déséquilibré, dépend de celles des deux autres.

En électricité, cette interaction entre tubes (phases) se traduit en termes de mutuelle impédance. En utilisant la nomenclature utilisée dans le premier chapitre, le schéma ci-dessous explique l'interaction de la phase A sur la phase B.

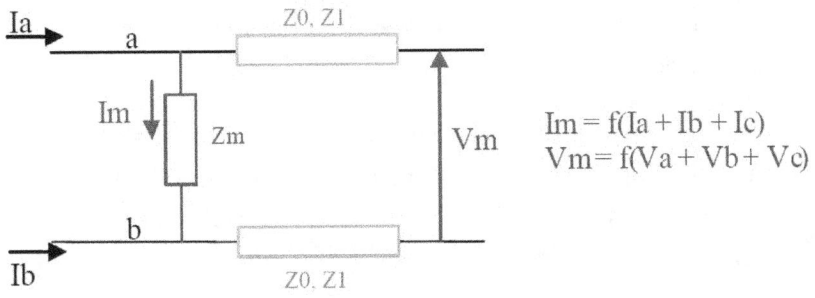

Figure 19: Interaction de la phase A sur la phase B

D'ores et déjà, nous pouvons émettre une constatation. Dans le cadre d'un système équilibré, omettre de prendre en compte la dépendance d'une phase sur les deux autres dans les calculs électriques est justifié par le simple fait que la somme des intensités I de chaque phase est nulle, comme nous l'avons démontré avec la somme des volumes d'eau échangés dans le moteur hydraulique où les pistons sont symétriques.

D'où, le courant **Im**, dît courant de fuite, qui alimente une charge (fictive) **Zm** représentant ces pertes entre phases, l'est aussi et de fait, il n'y a pas d'interférences entre les différents conducteurs.

Contrairement aux systèmes équivalents, dans un système déséquilibré, chaque phase alimente une charge de valeur différente (une charge étant symbolisée par un piston dans le moteur hydraulique).

De fait, ignorer les interactions interphases reviendrait à fournir une image erronée du réseau électrique et par conséquent, reviendrait à ne pas, efficacement, conduire ce type de réseau.

Enfin, notons que l'existence des réseaux déséquilibrés s'explique principalement pour des raisons financières. En effet, à l'inverse de ceux équilibrés, leur construction ne nécessite pas d'études préalables : pour alimenter tel ou tel quartier, il suffit simplement, sans se soucier de la répartition des charges sur les phases, de rallonger celle qui se situe le plus près de la nouvelle zone de consommation.

Qu'ils soient radiaux, maillés, à courant continu, à courant alternatif triphasé équilibré ou déséquilibré, les réseaux électriques ont les mêmes besoins et problèmes : protection, fiabilité, contrôle, automatisation, supervision, etc.

Pour répondre efficacement à ces difficultés, il faut mettre en œuvre des politiques locale et centralisée :
- La partie locale correspondant à la mise en œuvre de systèmes d'acquisition, de détection, de coupure et de protection des équipements,

- La partie centralisée permettant de gérer les données acquises localement, de prévenir tout mauvais fonctionnement et, de transiter l'énergie du générateur au client en respectant l'équilibre production/consommation et les contraintes de transport du réseau.

Ces deux politiques – parallèles et concurrentes – s'appuient, entre autre chose, sur des solutions fortement informatisées.

Figure 20: Compteurs électriques

3 Les Outils Informatiques Dédiés aux Réseaux Électriques

De nos jours, les réseaux électriques permettent à chacun d'entre nous de disposer d'une énergie continue et fiable. Naturellement, cette pérennité et cette fiabilité étaient autrefois difficiles à obtenir : nombreux étaient les incidents et coupures. Alors, comment en moins de deux siècles, l'homme a-t-il pu apprendre à maîtriser cette énergie si volatile ? Les équipements électriques plus performants peuvent-ils expliquer à eux seuls ce considérable progrès ? Ou bien, cette avancée a-t-elle avant tout été obtenue grâce à l'aide de la science émergente de ces dernières décennies, en l'occurrence : l'informatique ?

Les solutions proposées par l'informatique se traduisent par des outils spécifiques répondant à un besoin particulier, clairement défini. Souvent, de par la nature même des problèmes auxquelles ces outils apportent des réponses, ils sont soumis d'importantes contraintes temporelles ; contraintes qui impliquent des méthodes de conception, d'implémentation et de la validation se rapprochant de celles utilisées par les systèmes embarqués collectifs.

3.1 Les Spécificités De Ces Outils

Avant d'aborder ces caractéristiques, décrivons ce qu'est un système embarqué : il s'agit d'une sorte d'appareillage remplissant une mission spécifique en utilisant un ou plusieurs microprocesseurs.

Plus précisément, il existe :

- *Des systèmes personnels* qui sont à l'usage d'un individu ou d'un groupe d'individus comme les agendas électroniques, les fours micro-ondes ou encore les automobiles qui tendent de plus en plus vers l'électronique. Ils sont destinés au grand public et fabriqués en grande quantité.
- *Des systèmes collectifs*, tels que les avions, les centrales nucléaires ou, les postes électriques, sont quant à eux destinés à une

communauté d'individus. Ceux-ci concernent un volume plus faible d'unités à un prix élevé et, ont un cycle de vie cinq à dix fois plus long que les systèmes embarqués personnels, c'est-à-dire une durée de vie entre quinze et trente ans.

Mais si j'en suis venu à comparer les outils informatiques dédiés aux réseaux électriques avec les systèmes embarqués collectifs, outre le fait que tous deux s'adressent à des clients peu nombreux et pour de faibles quantités, c'est aussi et surtout en raison de leurs nombreuses caractéristiques en commun au niveau Assurance Qualité, c'est-à-dire sur le plan des garanties exigées par leurs clients respectifs qui sont plus fortes que celles demandées aux fournisseurs du marché personnel (les éditeurs de logiciels de Bureautique, de jeux, etc.).

De la même manière, les exigences en termes de sûreté de fonctionnement[16] et de certification sont importantes, les contraintes temps réel souvent grandes, la durée de vie des systèmes en moyenne 7 fois plus longue.

Ces ressemblances ont pour conséquence directe l'adoption pour la conception de ces outils de certaines méthodes utilisées dans le domaine embarqué collectif.

Toutefois, ces outils répondant à une activité particulière, certaines de ces techniques doivent être adaptées, voire non appliquées.

En anecdote, c'est là où mon histoire avec l'électricité commence : Si vous avez lu ma biographie disponible sur mon blog, mon profile d'auteur sur amazon.fr ou amazon.com, ou si vous avez souscris à ma mailing liste gratuite, alors, vous devez savoir que je travaille aux Etats-Unis comme chef de projet.

---

[16] *Sûreté de fonctionnement* : C'est une qualité du système mesurée en termes de service garanti à l'utilisateur en tenant compte de l'existence possible de défaillances (c'est-à-dire d'une différence entre le service délivré et le service spécifié). Les composants de la sûreté de fonctionnement sont : la fiabilité, la disponibilité, la maintenabilité, et la sécurité.

Pour éviter de longs paragraphes, en résumé, il y a deux ans, j'avais accepté de gérer un projet dans le domaine des réseaux électriques de transport. Ne connaissant rien au monde de l'énergie, je fus surpris et choqué par l'absence totale de livre m'expliquant les bases électriques et ce, de manière simple et ludique ; je ne trouvais que des livres théoriques aux formules trop complexes pour mon cerveau ne connaissant que trois termes mathématiques : 1, 0, et… peut-être !

Bref, je regrettais pour deux mois d'avoir accepté de gérer ce long projet. Mais je n'abandonnai pas ; je décidais de regarder ce monde avec une perspective différente, moins scientifique, plus concrète.

Ce livre est donc le résultat de ce que j'ai pu comprendre durant ces deux ans à gérer ce projet – délivré en temps et dans le budget !

Ceci étant dit, revenons-en au propos initial.

Dès que mon équipe commença à travailler d'arrache-pied sur ce projet, mes connaissances en gestion de projet devinrent très utiles : la société pour laquelle je travaillais allait devoir s'adaptée, et changer de façon considérable la manière dont elle pensait la conception d'un logiciel pour les réseaux électriques…

3.1.1   Une Conception Adaptée

Selon le projet : s'il s'agit de concevoir une application classique, de créer un système innovant à partir de rien (ou tout au moins d'une idée), de maintenir un logiciel existant ou, d'apporter de nouvelles fonctionnalités à une application en cours de développement, le responsable technique du projet doit choisir une des deux méthodes de conception suivantes :

- Une méthode structurée en étapes clairement définies dans leur intérêt et leur échéance, ou bien
- Une approche similaire à celle utilisée en recherche.

3.1.1.1   Le Traditionnel Cycle en V

Ce processus de réalisation permet de concevoir un logiciel, de A à Z et ce, de manière hiérarchique : de l'analyse des besoins, à la validation en passant par la conception et le développement ; une étape préparant la suivante.

De par sa structure, il est plus particulièrement destiné aux projets qui ont pour but de créer un logiciel en partant de zéro.

Or, comme nous le verrons par la suite, dans les systèmes embarqués collectifs, l'existant est légion. Ce processus de réalisation ne peut donc qu'avec difficulté être mis en pratique pour ces derniers.

Ainsi, lorsque le projet dispose d'une assise (d'un existant) conséquente, l'approche incrémentale semble être plus appropriée.

3.1.1.2   L'Approche Incrémentale

Cette conception en spirale ou, en escargot s'apparente à l'approche utilisée dans le domaine de la recherche à la différence que cette conception possède une date butoir précise à laquelle l'équipe impliquée dans le projet ne peut se soustraire.

Ce processus de réalisation est plus particulièrement destiné à des exercices de prototypages ou, à des demandes d'évolution ou, de maintenance d'un logiciel existant.

Dans le cadre de ce long projet, il s'agissait de modifier un système existant – il fallait le faire évoluer et le maintenir. J'avais donc décidé de mettre en œuvre ce type de conception... malgré la résistance évidente de mes commanditaires.

Une autre des spécificités de conception des outils dédiés à la gestion des réseaux électriques réside en une méthode de développement sur laquelle le prochain paragraphe va s'attarder.

3.1.2   Un Environnement Coopérant et Intégré

Cet environnement favorise la réutilisation de l'existant.

En effet, pour une question de coût élevé et du temps de plus en plus court de réalisation des systèmes embarqués collectifs, cette réutilisation constante de l'existant est devenue une condition indispensable.

Cela implique une implémentation en strates avec la multiplication massive de modèles, c'est-à-dire, avec une programmation fortement orientée objet.

Cette architecture, somme toute simple, se traduit par des termes parfois austères qu'il faut pouvoir comprendre :

- **L'infrastructure générique** correspond à un environnement de développement composé d'un ensemble d'objets et de méthodes tels qu'un modèle portable de programmation concurrente, d'une classe d'outils de communication interprocessus, des éléments de la librairie standard, etc.
  Elle est fortement liée au système d'exploitation ce qui permet, en modifiant simplement cette infrastructure d'utiliser les couches supérieures sur n'importe quel type de système : Elle permet la portabilité de la partie application.
- **La partie interface** dispose des classes de communication homme-machine (IHM) entre deux systèmes basés (ou pas) sur l'infrastructure générique.
- Quant aux **applications**, leur implémentation se base uniquement sur la strate des interfaces.

Au sein de la société pour laquelle je travaillais, cet existant – conséquent en termes de quantité et de qualité – provenait :

- De produits disponibles sur le marché : nous entrons dans la problématique des systèmes à base de COTS[17].
- De réalisations antérieures avec la constitution et la gestion du patrimoine technique des projets passés qui se caractérisent par

---

[17] *COTS : Commercial-Off-The-Shelf* que l'on pourrait traduire par *Produit sur étagères*. La durée de vie des systèmes collectifs étant très longue (15 à 30 ans), des solutions architecturales permettant de limiter l'impact des obsolescences dans ces derniers sont indispensables. Cela implique des infrastructures modulaires, une implémentation en strates et, entraîne une prépondérance des activités d'intégration par rapport à celles dites traditionnelles de développement. D'où, l'existence d'une organisation et d'une méthodologie précise de certification et de validation de chaque sous-couche dudit système.

une librairie partagée dans laquelle, suite à la demande de plusieurs équipes de projet, ont été intégrées des interfaces génériques (gestion portable de lecture, écriture de fichier, pilote de communication avec tel ou tel équipement, etc.)

De fait, le développement desdits systèmes devient une discipline coopérante – comme je viens de l'expliquer avec cette librairie commune à tous les projets – et intégrée où la normalisation des actions est une garantie de pérennité et, l'assurance de la bonne utilisation des investissements.

3.1.3 Des tests à chaque étape du développement

Lorsqu'un logiciel vient d'être développé, avant de le livrer à son commanditaire, les concepteurs doivent s'assurer de l'adéquation entre les résultats fournis par l'application et ceux attendus par le client.

Afin de minimiser l'écart possible entre les deux, il est nécessaire d'effectuer, tout au long de la réalisation du projet, un ensemble structuré de tests :

- Des *tests unitaires* chargés de valider séparément chaque module ou fonctionnalité du logiciel concerné,
- Des *tests d'intégration* qui permettent de vérifier qu'un module sensé transmettre des informations à un autre lui donne bien ce que ce dernier attend (vérification de la concordance des entrées et sorties de chaque module non autonome),
- Des *tests fonctionnels* ou de validation qui ne s'intéressent qu'à la validation des résultats finaux obtenus pour chacune des fonctions attendues et décrites dans le cahier des charges,
- Des *tests de non-régression*, lorsque le système commandé est une amélioration d'une application existante. Ces tests consistent à comparer les résultats obtenus par la nouvelle version du système avec ceux fournis par la précédente.

Dans le domaine des systèmes embarqués collectifs, à ces tests, pour garantir la sûreté et l'adéquation du fonctionnement du logiciel conçu avec les spécifications initiales, il est essentiel d'effectuer en présence du client :

- Une *recette interne* qui évite d'intégrer une application qui ne remplit pas toutes les fonctionnalités exigées dans un environnement existant et fonctionnant sans défaillances majeures.
  Cette recette est généralement effectuée, en collaboration avec un responsable du client, par une personne n'étant pas intervenu au cours du processus de réalisation du projet en question.
- Une *recette après mise en exploitation* contrôlée sur site qui permet de s'assurer que le système conçu rempli sans anicroches ni incidents bloquants son rôle premier (celui défini dans les spécifications) tout en respectant les nombreuses contraintes fonctionnelles, temporelles et informationnelles.

Les outils que propose l'informatique pour aider à la protection et à la supervision des réseaux électriques sont conçus en utilisant toutes ou un partie de ces méthodes-là.

Mais entrons plus en détails dans les solutions qu'apporte l'informatique.

3.2 Les Solutions que l'Informatique Apporte

Dans les précédents chapitres, nous avons évoqué l'intérêt de mettre en œuvre deux politiques parallèles et concurrentes :

- Une *politique décentralisée* destinée à protéger localement un équipement donné, à alerter en cas de défaillance de celui-ci un opérateur, et à fournir des mesures précises à un système central.
- Une *politique régulatrice* ou, politique de supervision chargée de prévenir un opérateur de maintenance que tel ou tel appareil est le siège d'une panne et de permettre la communication entre divers équipements.

Plus précisément, l'informatique offre des solutions embarquées et logicielles, spécifiques et centrales qui peuvent être :

- **Automatique** : si un défaut est détecté sur un des éléments du réseau,
- **Manuel** : si un opérateur souhaite contrôler l'état d'un équipement particulier.

3.2.1 Les solutions embarquées

Tout comme le corps humain, capable de parfaire sa régulation (la digestion en est un exemple pertinent) ou, de limiter les conséquences d'un incident (la crampe musculaire intervient lorsqu'une carence en sucre ou en calcium apparaît), un réseau électrique dispose d'arcs réflexes agissant localement pour son optimisation (le refroidissement d'un transformateur intervient si le thermostat de contrôle associé émet une alerte) ou, pour circonscrire les effets d'une panne (les disjoncteurs automatiques, les relais de protection isolent la zone défaillante du réseau).

Ces réflexes constituent des contrôles spécifiques et localisés sur un élément identifié du réseau.

3.2.1.1 *Contrôles Spécifiques*

Ces contrôles spécifiques se traduisent en terme de système embarqué, de solutions principalement locales, attachées à un appareil du réseau et dédiées à un rôle particulier ; l'informatique n'y représentant qu'un composant parmi d'autres, n'y étant, la plupart du temps, que le moyen de mettre en pratique un automate (une séquence ordonnée d'opérations à effectuer dans un état initial prédéfini) entre les différentes fonctionnalités électrotechniques offertes par l'équipement en question.

Parmi ces solutions embarquées, citons, par exemple, celles dédiées à limiter les incidents occasionnés par des conditions météorologiques extrêmes :

- Des parafoudres qui restreignent les dommages des éclairs,

- Des thermostats de précision qui, en cas de problèmes, alertent l'opérateur ou, arrêtent l'équipement associé,

Pour les incidents électriques, il existe notamment :
- Des interrupteurs,
- Des disjoncteurs,
- Des relais,
- Des protections spécifiques aux alternateurs,
- D'autres destinés aux transformateurs,
- Des onduleurs

Qui prémunissent contre les effets des variations de la fréquence, de la tension et de l'intensité ou, contre ceux des courts circuits.

3.2.2 Les Solutions Logicielles

Plus complètes que les solutions embarquées, elles permettent de mettre en œuvre les deux politiques précédemment décrites :
- Des équipements locaux mesures, transmettent leurs informations en temps réel et émettent une alerte en cas d'avarie,
- Un système central récupère et filtre toutes ces données, prend les décisions ou, se fait simple intermédiaire entre deux appareils embarqués.

On qualifie ce type de systèmes par les termes de 'superviseur', 'régulateur', ou encore 'dispatcheur'.

Le schéma de la page suivante illustre ce que peut-être l'architecture parallèle et concurrente de ces politiques :

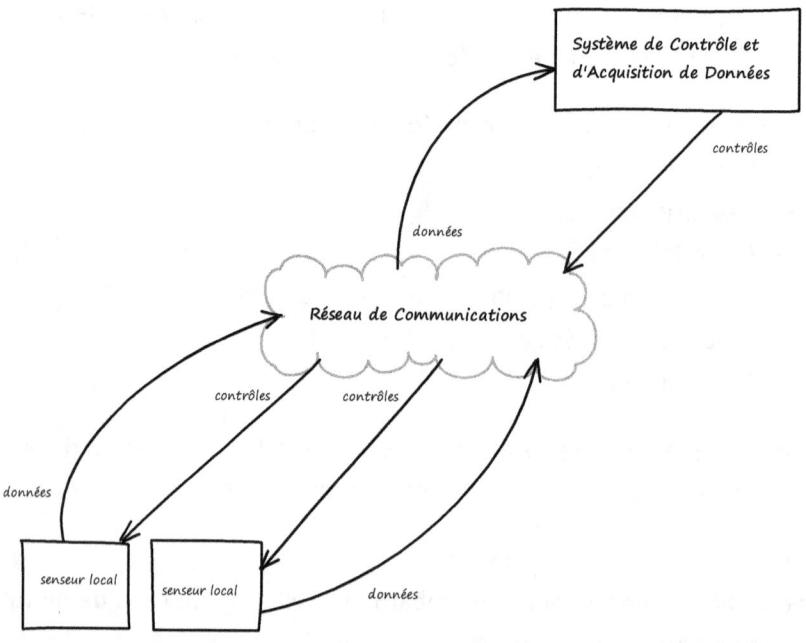

Figure 21: Une solution logicielle de supervision du réseau électrique

Plus précisément, les solutions logicielles constituent des réponses centrales aux besoins systémiques des compagnies du secteur de l'énergie.

3.2.2.1   Solutions Centrales

Pour rester dans l'analogie utilisée précédemment, le comportement de l'être humain n'est pas régi par un ensemble d'actes instinctifs, d'arcs réflexes mais, est centralisé : l'encéphale, centre du système nerveux, dispose de la connaissance (innée ou acquise), possède une représentation ensembliste et en temps réel du monde externe grâce aux informations transmises par les différentes cellules nerveuses, et coordonne les muscles afin de répondre à un stimulus extérieur ou, à une pulsion interne.

De la même manière, dans les réseaux électriques, certains réglages, comme ceux de l'équilibre production / consommation, de la minimalisation du prix de revient, doivent nécessairement être centralisés. La sécurité doit aussi l'être car elle nécessite la connaissance précise de la situation de chaque portion du réseau : un incident sur l'une d'elles – entraînant des reports de charge sur les éléments voisins – risque de provoquer son effondrement si les éléments sous-jacents ne peuvent supporter les charges transférées.

Dans les années passées, pour ne pas avoir centralisé cette surveillance, certaines villes avaient dû laisser leurs usagers dans le noir, parfois pendant une journée entière. Ce fut notamment le cas en novembre 1965 à New York, en juillet 1977 en Nouvelle-Angleterre.

Tous ces incidents, désormais révolus, ont donc démontré la nécessité de disposer d'une surveillance centrale.

Ce contrôle est confié à un centre régulateur national et à des centres de conduite inter-régionaux qui s'appuient sur les télécommunications et l'automatisation.

La plupart des informations électriques et topologiques du réseau sont traitées par des systèmes informatiques capables de sélectionner, à chaque instant, toutes les données utiles au centre de dispatching (de conduite).

Lesdits systèmes établissent des statistiques aux heures calmes, qui leur permettent de faire des prévisions prenant en compte l'évolution du réseau et la consommation au cours des cinq, voire des dix dernières années et, même ce qui se passerait si telle ligne transportant une forte puissance était le siège d'un incident.

Figure 22: Un centre de dispatching[18]

Ces prévisions permettent :

- D'une part d'assurer l'équilibre entre la production et la consommation et,
- D'autre part, la reprise du service dans une zone jadis plongée dans le noir pendant un intervalle de temps donné (principe du cold-load pick-up : plus la coupure est longue, plus la consommation après restauration du courant sera importante).

[18] « *NORADCommandCenter* » by U.S. Air Force. Cette image appartientau domain publique via Wikimedia Commons : en.wikipedia.org

Bien plus, ces statistiques étant complétées jour après jour, elles deviennent de plus en plus précises, permettant même de déduire et réguler, en tenant compte d'autres paramètres, comme les conditions météorologiques, les puissances à produire pour le lendemain.

Pour l'instant, nous n'avons point donné d'exemple d'application satisfaisant à un besoin systémique. Dans le cas de la conduite des réseaux de distribution, ce besoin est d'offrir à un opérateur la possibilité d'isoler, à distance ou sur place, un appareil en défaut ou, devant être maintenu, sans suspendre le service fourni aux utilisateurs de la zone située en aval de l'équipement inquiété.

Les systèmes de gestion de distribution, (en anglais, **Distribution Management System)** fournissent ces fonctionnalités.

Plus précisément, ces systèmes sont une collection d'applications conçues pour surveiller et contrôler les réseaux électriques de distribution de manière efficace et fiable. Les DMS sont en fait des systèmes d'aide à la décision pour aider le personnel d'exploitation de la salle de contrôle et sur le terrain avec la surveillance et le contrôle du système de distribution électrique.

Ces systèmes permettent l'amélioration de la fiabilité et de la qualité de service : réduction des pannes, ou minimisant le temps des pannes électriques, maintien d'une fréquence et d'une tension acceptable.

Ces systèmes utilisent énormément les solutions logicielles grâce à leur système de gestion des pannes (ou **Outage Management System - OMS)** qui permet l'utilisation d'autres systèmes comme système d'information à la clientèle (SIC), Système d'Information Géographique (SIG) et du système de réponse vocale interactive (IVRS).

Les fonctionnalités des DMS utilisent un modèle informatique qui représente le réseau électrique avec ses composants et leurs connectivités. En combinant les fonctions centrales et les dispositifs locaux de protection (comme les disjoncteurs), les DMS permettent de prédire l'emplacement des pannes. Ainsi, les activités de restauration peuvent être accélérées.

Parallèlement aux DMS, les entreprises de distribution utiliser des systèmes de contrôles et d'acquisition des données (en anglais : Supervisory Control and Data Acquisition, ou SCADA). Ces systèmes – généralement utilisés sur les réseaux électriques de transport – offrent au personnel des centres de contrôle la possibilité d'opérer les équipements électriques à distance.

Cela veut dire que les DMS peuvent accéder aux données des équipements électriques en temps réel via leur SCADA. Les DMS fournissent ainsi toutes les informations sur une seule console au centre de contrôle d'une manière intégrée, comme le montre la figure 22.

Nous venons de montrer que l'informatique représente une aide efficace à la protection, à la surveillance et la supervision des réseaux électriques, d'asseoir sur un support théorique et empirique.

Autrement dit, notre axiome originel est toujours vrai: les solutions offertes par les outils informatiques facilitent de manière irréfragable la gestion et la production des acteurs de la filiale de l'énergie et plus généralement encore, dans les secteurs d'activités où elle trouve application.

Comme nous l'avons vu dans le chapitre La diversité des réseaux électriques, il existe différents types de réseaux électriques. Le prochain paragraphe va s'attacher à répondre à la question sous-jacente à cette disparité ; à savoir quels sont les impacts de cette hétérogénéité sur les systèmes informatiques dédiés à leur gestion ?

3.3 L'influence de la disparité des réseaux sur ces outils

Les outils informatiques mis à la disposition des Utilities répondent à des besoins précis et pour cela, ils doivent représenter les composants du réseau, leur caractéristiques, leur connexité (les liens entre eux).

Cette représentation, cette modélisation des éléments du réseau électrique est stockée dans une base de données qui tient en compte, en temps réel, de la configuration du réseau.

Plus particulièrement, nous distinguons deux types d'informations :

- Les données statiques qui décrivent les caractéristiques fixes ou, évoluant peu, du réseau (caractéristiques des équipements, coordonnées géographiques, propriétés techniques, etc.).
- Les données dynamiques qui concernent toutes les informations variant fréquemment dans le temps (état des équipements – des lignes, des transformateurs, des organes de coupure –, la valeur du courant, celle de la tension ou encore, des charges, etc.).

Cette modélisation à deux étages réunit toutes les caractéristiques du réseau et de ses éléments. Aussi, si nous revenons sur le fait qu'il existe plusieurs types de réseaux électriques (pour simplifier : T1 et T2), la modélisation de ces deux réseaux diffère...

Par conséquence, de par les disparités des courants électriques, une application conçue spécifiquement pour le réseau français ne peut être utilisée en l'état sur un réseau de nature différente.

Sans entrer dans les détails, le projet que je gérais consister exactement à trouver une solution à cette différence intrinsèque.

Après deux longues années, mon commanditaire peut, avec fierté, annoncer à ses clients que son logiciel de gestion des réseaux de distributions peut être adapté - sans changement ni configuration – à une multitude de réseaux de distributions :

- petit, moyen, et large réseaux électriques

- triphasé équilibré et triphasé déséquilibré

Les secrets de ce logiciel :
- La modélisation des réseaux électriques
- L'intelligence adaptive des calculs électriques
- La versatilité de l'interface humaine
- La capacité d'intégration avec d'autres solutions logicielles
- L'utilisation créative de composants open source.

Conclusion

Parce qu'elles sont utilisées dans tous les secteurs d'activités de notre économie, une bonne part des technologies qui mobilisent les chercheurs et les industriels pour les prochaines décennies se retrouvent dans deux domaines clés :

- L'informatique et,
- L'énergie.

Les Nouvelles Technologies de l'Information et de la Communication, se développant à un rythme effréné, contribuent à l'évolution de notre civilisation en transformant nos modes d'organisation et de travail, de commerce, d'éducation et de loisirs. La possibilité de numériser et de transmettre en temps réel des textes, des sons et des images bouleverse nos façons de communiquer comme nous pouvons le constater avec l'explosion des marchés du téléphone portable ou de l'Internet.

Quant à l'énergie électrique, depuis sa découverte et son industrialisation, elle est devenue l'indissociable partenaire de la majorité de nos activités. Ceci provoque ainsi une augmentation de presque 10% par an de notre consommation électrique.

La bonne utilisation des ressources naturelles et de leur gestion est par conséquent un défi permanent ; défi dans lequel l'informatique joue un rôle prépondérant. La science émergente de ces dernières décennies apporte des réponses adaptées aux besoins précis et nombreux du secteur de l'énergie :

- Des solutions embarquées qui répondent à des besoins locaux de contrôle, d'acquisition de données et de protection,
- Des solutions logicielles qui permettent à un opérateur de disposer d'une vision globale du réseau électrique dont il a la charge et, donc, d'intervenir à bon escient sur tel ou tel équipement.

Ces solutions logicielles sont naturellement au cœur de la révolution que certains appellent « *Smart Grid* ». Mais je ne m'épancherais point sur ce sujet – pour le moment.

En revanche, je souhaitais conclure ce livre en discutant très rapidement des sociétés spécialisées fournissant ces solutions logicielles ; des solutions au cœur de notre civilisation et de notre confort quotidien.

Parmi ces sociétés, nous comptons **Siemens**, **ABB**, **Intergraph**, **Oracle**, **Schneider Electric**, **General Electric**, et bien évidement **Alstom** !

Je ne pouvais pas en effet éviter de parler de ce sujet qui embrasse depuis plusieurs mois les premières pages de nos journaux nationaux ; à tort ou à raison, d'ailleurs.

Comme beaucoup, j'estime qu'Alstom est un fleuron de l'industrie française ; un fleuron qui malheureusement n'a pas toujours été dirigés par des décideurs intelligents et capables. Cependant, les innovations que cette société a développées et mises en œuvre dans le monde sont indéniables.

Il est donc naturel que le gouvernement français, par la voix d'Arnaud Montebourg, le ministre de l'économie, du redressement productif et du numérique, s'inquiète et souhaite s'assurer du devenir de cette société.

Mais est-il normal que le gouvernement mette des freins à l'acquisition de la branche énergie d'Alstom par General Electric ?

Je ne me prononcerais pas !

En revanche, je vous invite à participer à ce débat passionnant et qui, j'en suis persuadé redeviendra bientôt un sujet brûlant en 2015, lorsque l'acquisition par GE se fera plus concrète...

A suivre ...

A Propos de l'Auteur

Ecrire a toujours été une de mes passions.

Enfant, j'aimais mettre mes pensées sur papier, dans des petits carnets.

Adolescent, les journaux aux pages jaunies cessèrent d'être. Je les remplaçai alors sans complexe ni remords, par des fichiers numériques.

L'objectif était pourtant toujours le même : m'exprimer, vivre au travers des mots, rêver d'horizons lointains où l'océan épouse les formes d'un ciel bleu cyan.

Enfant, je m'imaginais navigateur, pilote, conquérant, prisonnier, aventurier amoureux, détective.

Jeune adulte, j'eus la chance de voyager en Asie, en Afrique, sur l'île de la Réunion, en Europe du Nord, et ainsi, de découvrir d'autres cultures, d'autres visages.

Aujourd'hui, je vis aux Etats-Unis, dans l'État de Washington, avec mon épouse et mes deux fils.

Enfant, je rêvais d'être écrivain. Adulte, je continue de rêver et d'écrire.

Si vous souhaitez en savoir plus, je vous invite à me suivre sur:
http://fabiensavelli.blogspot.com

Du Même Auteur

Fin 1988: Au moment même de quitter le cockpit, je compris pourquoi mon corps entier me poussait à voyager : Respirant à plein poumon une chaleur réconfortante, je me sentis délivré, libre, heureux.

Quelques heures plus tard, au hasard d'une rencontre, je me retrouvai assis dans le fond d'un autobus, voyageant vers la ville de Saint-Pierre. J'avais trouvé un travail pour les 70 prochains jours. Saint-Pierre de la Réunion devint ainsi ma demeure pour 70 inoubliables jours.

De ce séjour, j'en garde des souvenirs magiques. Et dans ce recueil, je suis content de partager avec vous, d'une manière simple et ludique, un aperçu de ce que j'imaginais, imagine et imaginerai être le Paradis : une île de miel vert : mon Île de la Réunion.

Mon histoire commença un samedi matin ordinaire. Je voulais rejoindre le gîte du Piton des Neiges pour y passer la nuit. Tôt le dimanche, j'aurais affronté la nuit pour atteindre le sommet de l'île, et y admirer le lever du soleil. Puis, tranquille, le pas léger et heureux, je serais retourné à Saint-Pierre. Une randonnée de deux jours comme j'en avais l'habitude.

Pourtant, ce weekend-là, au hasard d'un sentier anonyme, je découvris l'Habitation des Ceyran : l'antre caché du Diable...

De ce souvenir lointain, aujourd'hui, tout ce que je sais, tout ce que je peux vous montrer, ce sont mes cicatrices; les cicatrices du temps où les hommes m'avaient considéré comme un meuble, comme un animal ; les cicatrices du temps où j'étais esclave.

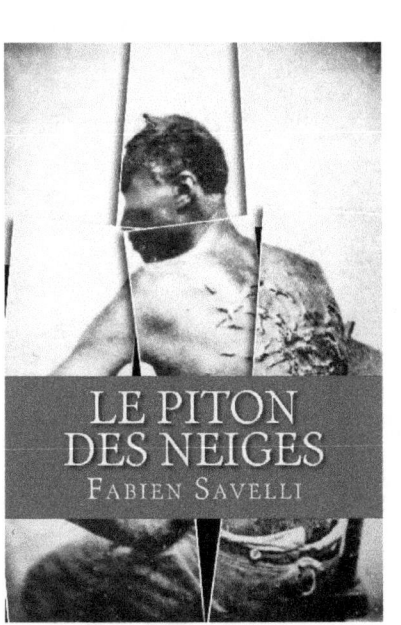

In this short book, I lay out in the open the past 2 years of my road warrior's life, and my experiences flying on American Airlines:

- Chronically delayed flights
- Refusal to take responsibility on schedule and operations
- Clear denial of any sort of liability
- Blanket, headphone, tray table infested of bacteria
- Contaminated tap water with fecal substance
- Fabricated explanations for diverting planes, and
- Unequal treatment of its customers

Keeping the surreal facts of my travels as real as they were, I wanted to help you gaining insights into the main cabin of American Airlines flights.

Votre Cadeau

Pour vous remercier de votre achat, je vous invite à suivre mon blog : http://fabiensavelli.blogspot.com et à souscrire gratuitement à ma mailing liste en m'envoyant directement un email à FJ.Savelli.

En vous inscrivant à ma mailing liste, vous aurez accès en exclusivité aux premiers chapitres de mes prochains ouvrages. Je vous informerai aussi en avance des promotions spéciales sur tous mes ouvrages !

Alors, n'hésitez plus : écrivez-moi à fj.savelli@gmail.com, en spécifiant pour objet : *Subscribe-ReseauxElectriques*.

Et n'oubliez pas de laisser vos commentaires sur Amazon !

Cordialement

Fabien J. Savelli

www.ingramcontent.com/pod-product-compliance
Lightning Source LLC
Chambersburg PA
CBHW071304170526
45165CB00003B/1410